U0190459

森系缎带绣，请新小手工

缎带小日记

xJane 著

重庆大学出版社

自序

传统刺绣中，针只能和线搭配。而我，偏不！

我叫晶晶，英文名 xJane，是一位总有各种独特想法的手工达人。高中时玩 QQ 空间被首页推荐，访问量一夜之间增加十几万，让我突然体会到了爆红的感觉。现在玩短视频，已在知名短视频社区积累了数十万粉丝。这一切都和我的努力，以及做事精益求精的态度分不开。少年时就有这股冲劲，对热爱的事物追求极致。现在，更是如此。因为热爱，所以坚持。

说起刺绣，接触时间不算太久，刺绣手法自然不能和前辈相比。但可贵的是，因为涉及刺绣领域时间不长，受传统思维影响较小，设计出的图案、绣出的事物往往更新颖，更具现代美。

这本"日记"主要依托一些小物的制作方法来表现几种缎带绣的针法，读者可以将这些小物制作方法及缎带刺绣针法分开受用或自由搭配组合。如果单学习两者之一，也会收获不小益处。一书两用，想必你也能体会其中的乐趣。

本书主要介绍了两种"日记"。

一是小物日记。主要介绍了生活中常用物品的缝制方法，以及所搭配图案的刺绣方法。缝制品如书衣、杯垫、月事包、木柄口金包，所搭配的图案有清新花草、田园蔬菜和软萌动物。也有一些直接在主材上 DIY 的作品，如书签、手机壳、折叠镜。这些主材可能是你还未接触过的，所以一定是值得你期待的。

二是衣饰日记。既有充满少女情怀的胸针、发绳，也有森系小清新的毛衣链，还有给人温暖的抗雾霾口罩等，介绍方法与小物日记大体相同。缎带及布料配色都可根据自己的喜好自由发挥，让你的作品融入自己的灵魂。

用缎带刺绣（丝带亦可），与绣线相比，缎带的粗细更为丰富（常用宽度为 2~20mm），更容易在短时间内绣出丰富完整的图案。这是缎带绣的优势，但由于缎带较宽，在刺绣时也需要你更加注意细节，防止因线条粗导致图案粗糙。和传统线绣相比，在掌握了缎带绣针法后再进行刺绣虽耗时较短，但对于没有任何手工基础的读者来说，学习缎带绣针法是一个需要耐心与恒心的过程。而且学会后，绣出的完美图案足以惊艳你自己。如果你想体会刺绣的乐趣，但没有过多时间安排密密麻麻的绣线，不妨先从缎带绣学起。

这本书能顺利完成，还要谢谢我的赛赛"欧巴"。教程里的大部分图片都是他协助完成的。多少个夜晚都是他陪我熬夜赶稿，也感恩他给了我、乐宝和小贝壳一个幸福的家庭，让我脑中浮现的都是美好的画面！相信此书中唯美的作品与我幸福的内心有一定关系。

手工能丰富一个人的情感，使你内心宁静。如果你想修身养性，但又没有过多的美学基础，大可选择同绘画、书法一样能使人静心的刺绣。绣针在布面间来回穿梭，一收一回间，烦躁的心情仿佛被分解消弭，世界里只留下一幅幅令人心旷神怡的美好作品。

如果你和我一样爱生活、懂梦想、有期待，那么，放慢你的脚步，和我一起在布料上、缎带间找寻内心深处的那份宁静吧。

xJane

2019 年元月

目录 - - - - - - - - - - - - -

工具介绍

小物日记

书签   010
小花书签   012
四叶草书签   015

书衣   018
野草莓书衣   019

蔬菜杯垫   026
白菜杯垫   028
胡萝卜杯垫   033
玉米杯垫   036

手机壳   040
蒲公英手机壳   041

月事包   046
花草月事包   047

折叠镜   054
ZAKKA 折叠镜   055

包包 062
兔子先生口金包 063

衣饰日记

发绳 076
同心结发绳 077

渔夫帽 082
软妹渔夫帽 083

胸针 088
圣诞树胸针 089

口罩 096
玫瑰藤口罩 097

项链 102
迷你绣绷项链 103

参考图样

工具介绍

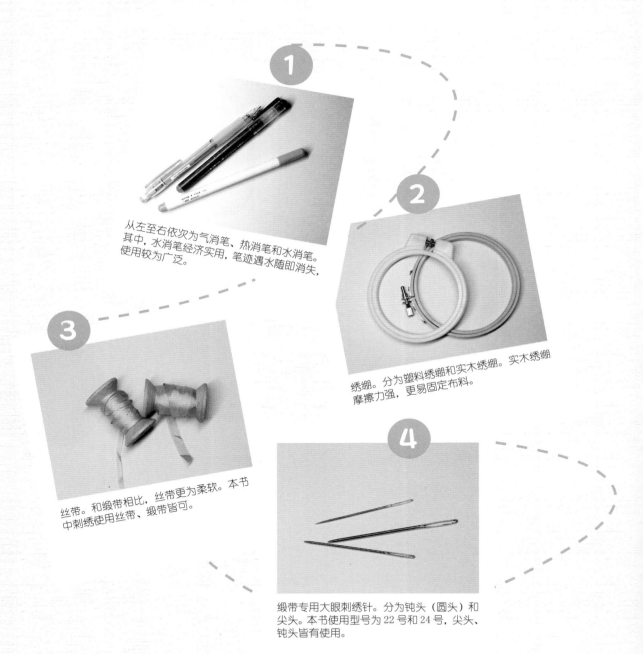

1 从左至右依次为气消笔、热消笔和水消笔。其中，水消笔经济实用，笔迹遇水随即消失，使用较为广泛。

2 绣绷。分为塑料绣绷和实木绣绷。实木绣绷摩擦力强，更易固定布料。

3 丝带。和缎带相比，丝带更为柔软。本书中刺绣使用丝带、缎带皆可。

4 缎带专用大眼刺绣针。分为钝头（圆头）和尖头。本书使用型号为22号和24号，尖头、钝头皆有使用。

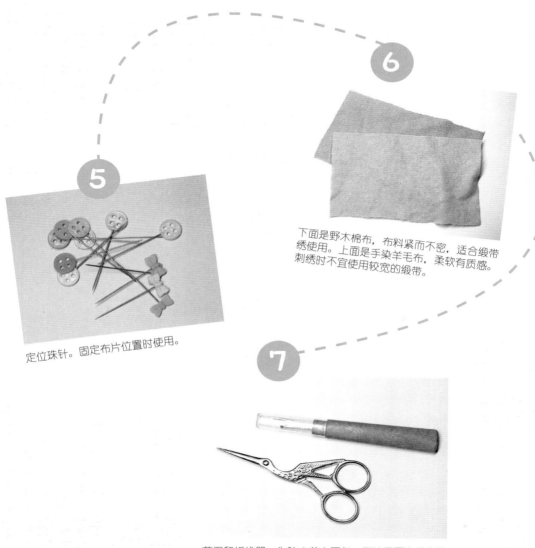

下面是野木棉布，布料紧而不密，适合缎带绣使用。上面是手染羊毛布，柔软有质感。刺绣时不宜使用较宽的缎带。

定位珠针。固定布片位置时使用。

剪刀和拆线器。为防止剪布不匀，可使用更为锋利的剪刀。需要修改的部分可用拆线器辅助。

小物日记

书签
小花书签
四叶草书签

书衣
野草莓书衣

蔬菜杯垫
白菜杯垫
胡萝卜杯垫
玉米杯垫

手机壳
蒲公英手机壳

月事包
花草月事包

折叠镜
ZAKKA 折叠镜

包包
兔子先生口金包

书签

小花书签／四叶草书签

第一片 代表希望
第二片 代表信心
第三片 代表爱情
第四片 代表幸运

◆ 所需材料

缎带：2mm 宽绿色渐变色缎带约 1m（四叶草）、7mm 宽粉色缎带 20cm（小花）、2mm 宽浅黄色缎带 20cm、4mm 宽灰色缎带 5cm。

其他：小块棉麻布料、直径 2cm 铜质书签托（含网垫）、合众 E6000 胶水。

小花书签

在布上画出书签外轮廓及内部图案。

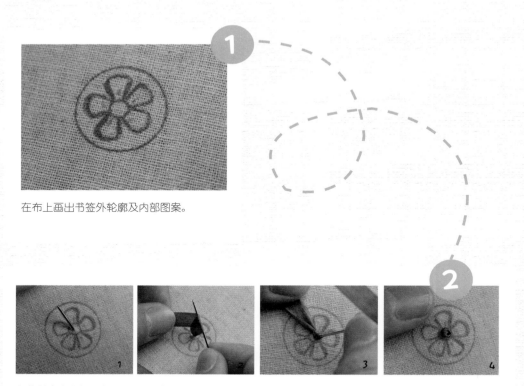

在花蕊中心出针，做一圈结粒绣。

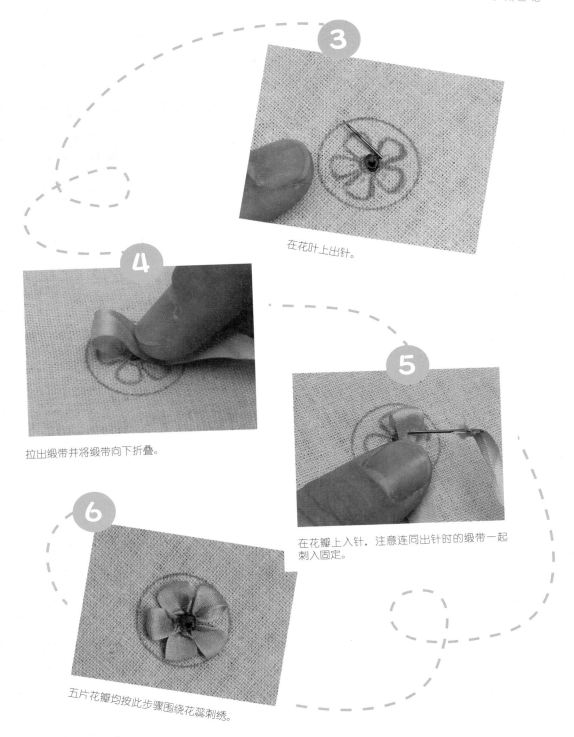

在花叶上出针。

拉出缎带并将缎带向下折叠。

在花瓣上入针，注意连同出针时的缎带一起
刺入固定。

五片花瓣均按此步骤围绕花蕊刺绣。

黄色花蕊要均匀分布在花瓣与花蕊中间。

在花蕊和花瓣中间空余的位置出针做结粒绣，
绣出黄色花蕊造型。

将绣片固定在底托上，完成小花书签。

四叶草书签

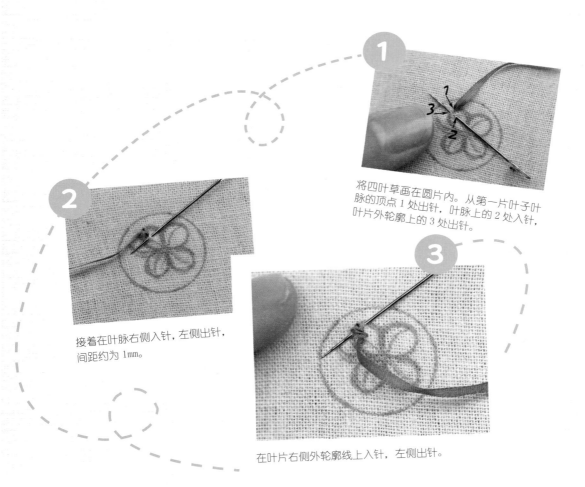

将四叶草画在圆片内。从第一片叶子叶脉的顶点 1 处出针，叶脉上的 2 处入针，叶片外轮廓上的 3 处出针。

接着在叶脉右侧入针，左侧出针，间距约为 1mm。

在叶片右侧外轮廓线上入针，左侧出针。

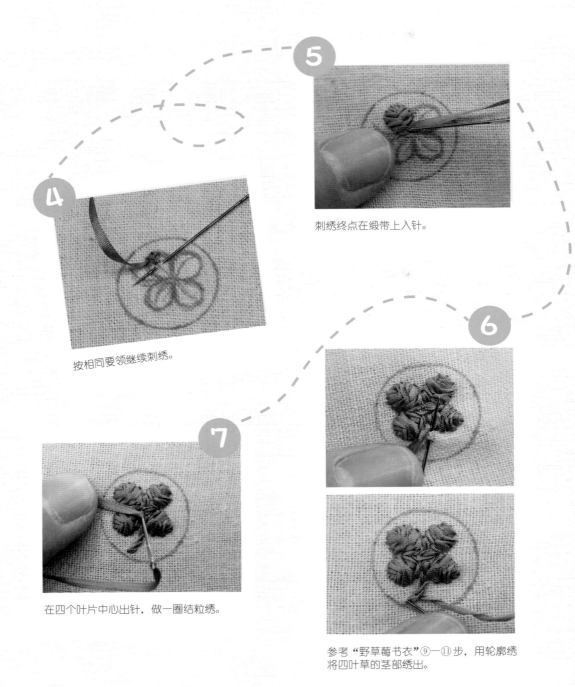

④ 按相同要领继续刺绣。

⑤ 刺绣终点在缎带上入针。

⑥ 参考"野草莓书衣"⑨—⑪步，用轮廓绣将四叶草的茎部绣出。

⑦ 在四个叶片中心出针，做一圈结粒绣。

8 一个完整的四叶草就绣好了。

9 用相同方法将绣片固定在书签配套的铁片上。

10 仔细缝好拉紧。

11 与底托粘连，按压紧实。

书衣

野草莓书衣

你有一本最爱的书吗

也许你的书是礼物

也许你的书是信物

也许它是馈赠

也许它是见证

在草莓开花的季节

把它拾起

定格在你的书衣上

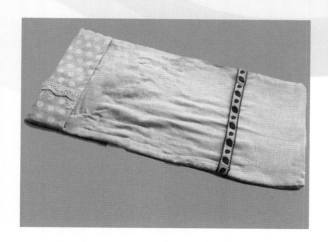

◆ 所需材料

缎带（长度根据具体书本尺寸大小决定）：7mm 宽红色缎带（草莓果实）、7mm 宽绿色渐变色缎带（草莓蒂）、7mm 宽绿色缎带（草莓藤、草莓叶）、7mm 宽白色及黄色缎带（草莓花）。

其他：1.5cm 宽蕾丝，1.5cm 宽草莓图案包边条，比书本宽 18cm 左右、比书本长 2cm 左右的表布，与表布同大小的里布。

将表布的正面固定在绣绷上，将草莓图案用水消笔"拷贝"在表布上。

在草莓外轮廓上的 1 处出针、2 处入针做缎面绣。

在外轮廓上的 3 处出针、4 处入针，使第二次刺绣的缎带压住第一次刺绣缎带的二分之一。

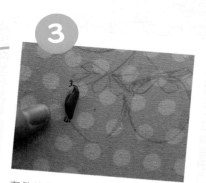

用缎面绣的针法将草莓绣完。刺绣过程中缎带不要拉得太紧，且需保持缎带平整。

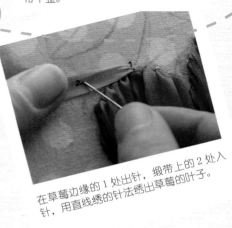

在草莓边缘的 1 处出针，缎带上的 2 处入针，用直线绣的针法绣出草莓的叶子。

在背面轻轻拉动缎带调整形状，不要拉得太紧。

在同一点 1 处出针、第一层叶子上的 2 处入针做双重刺绣。

另一边可绣单层叶子。

从 1 处入针，将缎带扭转成细条。

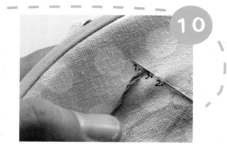

用手按住缎带，从图案上的 2 处入针、3 处出针。

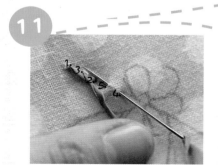

按照相同要领，从 4 处入针、5 处出针做轮廓绣，将整个草莓藤绣完。

结尾处与叶子相连。轮廓绣绣出的草莓藤立体感十足。

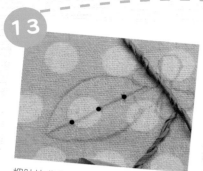

把叶片分为四等分并做上记号，作为刺绣角度的参照。

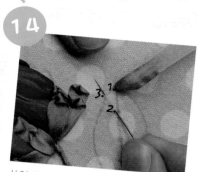

从叶头部分开始刺绣。从 1 处出针、2 处入针、3 处出针。

将针从缎带中间拉过，左右晃动调整缎带形状。

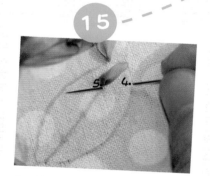

从 4 处入针，紧靠缎带的 5 处出针。

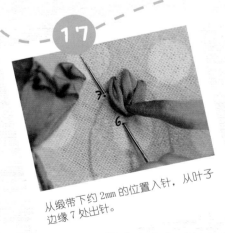

从缎带下约 2mm 的位置入针，从叶子边缘 7 处出针。

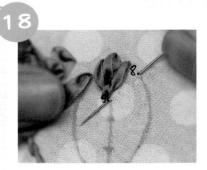

从 8 处入针，紧靠缎带下方的 9 处出针，按照相同要领刺绣。

19

将刺绣终点落在草莓藤上。

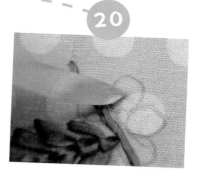

20

从花瓣中心处出针。

22

在出针位置的旁边入针，轻拉缎带调整位置做结粒绣。

21

将缎带在针上绕一圈。

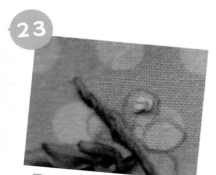

23

一圈结粒绣完成啦。

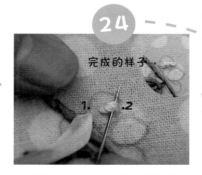

24

完成的样子

从缎带边缘上的1处出针，将针穿过结粒绣，再从对面的2处（花瓣轮廓线上）入针，使缎带成一条直线。

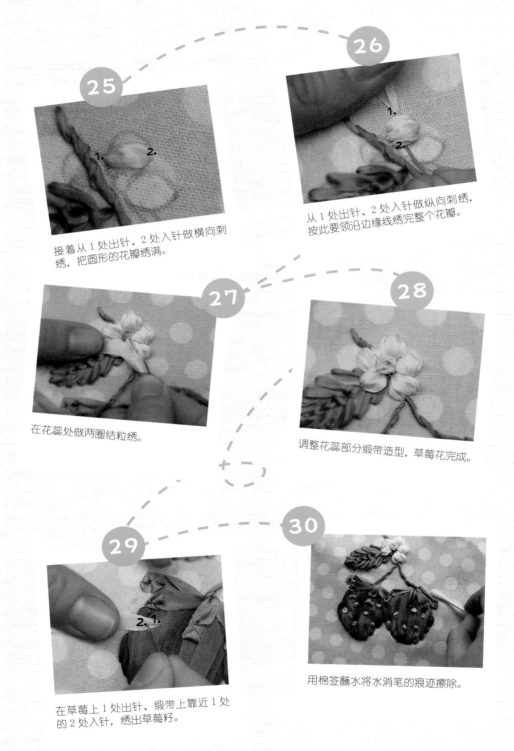

接着从 1 处出针、2 处入针做横向刺绣，把圆形的花瓣绣满。

从 1 处出针、2 处入针做纵向刺绣，按此要领沿边缘线绣完整个花瓣。

在花蕊处做两圈结粒绣。

调整花蕊部分缎带造型，草莓花完成。

在草莓上 1 处出针、缎带上靠近 1 处的 2 处入针，绣出草莓籽。

用棉签蘸水将水消笔的痕迹擦除。

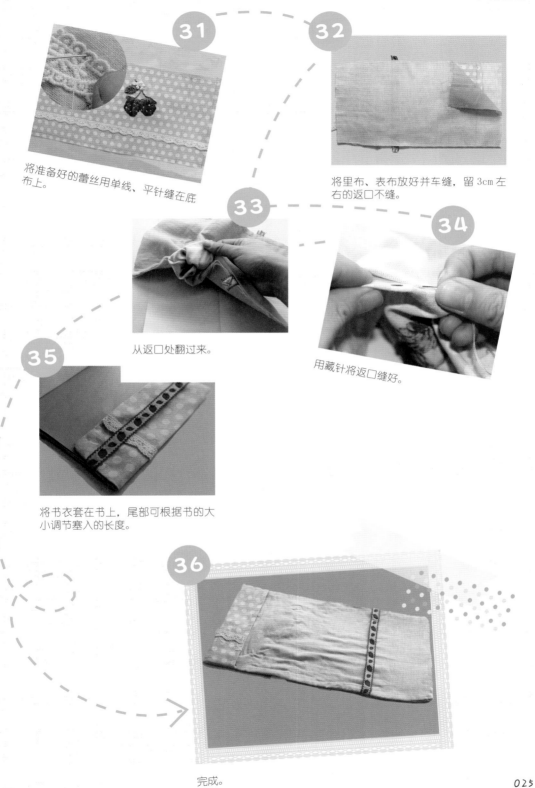

31 将准备好的蕾丝用单线、平针缝在底布上。

32 将里布、表布放好并车缝，留 3cm 左右的返口不缝。

33 从返口处翻过来。

34 用藏针将返口缝好。

35 将书衣套在书上，尾部可根据书的大小调节塞入的长度。

36 完成。

蔬菜杯垫

白菜杯垫
胡萝卜杯垫
玉米杯垫

酥脆胡萝卜
鲜嫩大白菜
饱满玉米棒
小小杯垫放在桌上
隔热又装点生活

◆ 所需材料

缎带：7mm 宽白色缎带 20cm、4mm 宽绿色缎带 30cm。

其他：绿色绣线 10cm 左右，白色绣线 5cm 左右，长 26cm、宽 13cm 的土黄色棉麻布料，长 42cm、宽 1cm 的本白色蕾丝一条。

缎带：4mm 宽橙色渐变色缎带 80cm（萝卜身体）、2mm 宽暗绿色渐变色缎带 50cm。

其他：长 26cm、宽 13cm 的本白色棉麻布料，长 42cm、宽 1cm 的本白色蕾丝一条。

缎带：2mm 宽黄色渐变色缎带 1m（玉米粒）、7mm 宽翠绿色缎带 10cm（玉米叶）、2mm 宽暗绿色缎带 2cm（玉米根部）。

其他：棕色绣线 50cm 左右，长 26cm、宽 13cm 的天蓝色棉麻布料，长 42cm、宽 1cm 的本白色蕾丝一条。

白菜杯垫

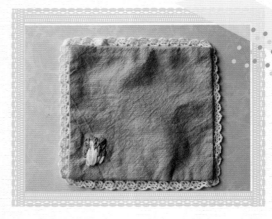

1

在底布上并排画出外边长为 11.5cm、内边长为 11cm 的两个双层正方形。

2

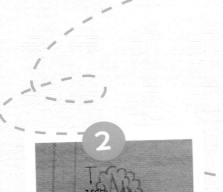

在一角用水消笔画出白菜外形，长度约为 2.5cm。

3

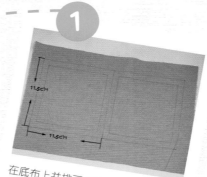

从 1 处出针、2 处入针、3 处出针、4 处入针，依次绣出白菜帮。

4

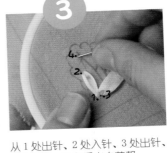

紧贴白菜帮部出针，用短针直线绣绣出白菜叶子，入针位置在白菜轮廓线上。

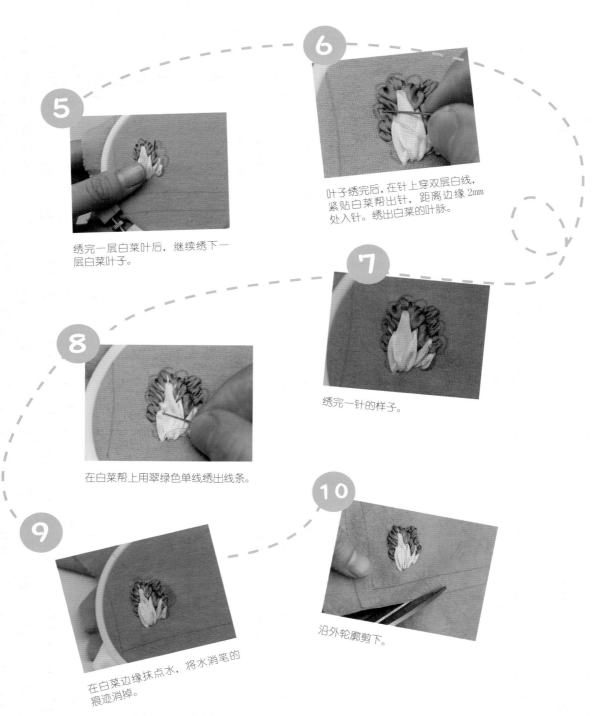

5 绣完一层白菜叶后，继续绣下一层白菜叶子。

6 叶子绣完后，在针上穿双层白线，紧贴白菜帮出针，距离边缘 2mm 处入针。绣出白菜的叶脉。

7 绣完一针的样子。

8 在白菜帮上用翠绿色单线绣出线条。

9 在白菜边缘抹点水，将水消笔的痕迹消掉。

10 沿外轮廓剪下。

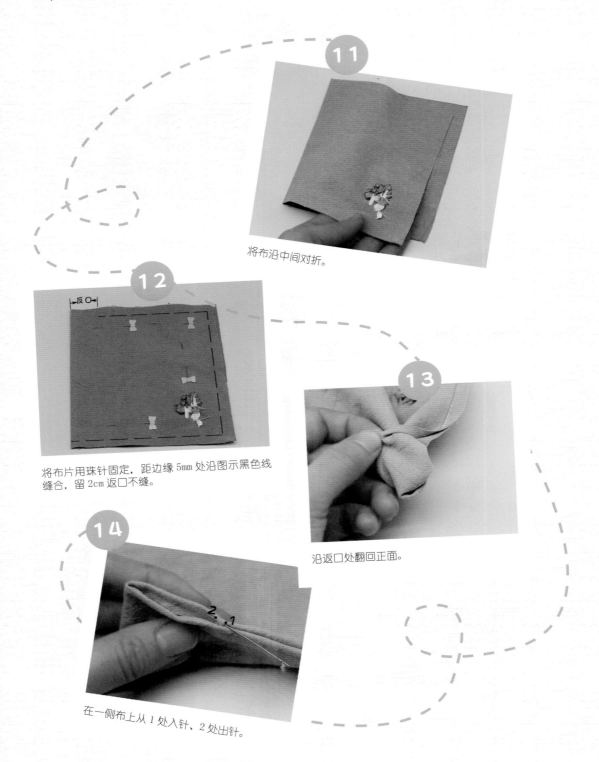

将布沿中间对折。

将布片用珠针固定，距边缘 5mm 处沿图示黑色线缝合，留 2cm 返口不缝。

沿返口处翻回正面。

在一侧布上从 1 处入针、2 处出针。

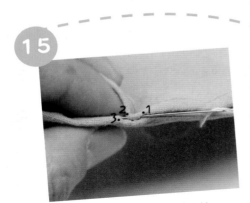

紧接着将针刺入另一侧布上的 3 处。

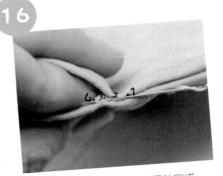

继续将针从 4 处穿出，一针藏针完成。

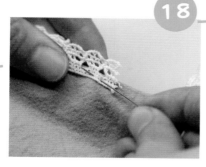

将蕾丝压在无刺绣的一面。从中间部分开始，用和蕾丝同色的单线将蕾丝与底布缝合。

缝至结尾处打结，将线头用工具塞入内部。

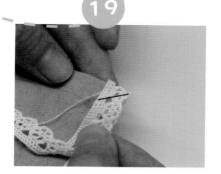

缝到拐角处时，先将蕾丝反折与原边际对齐，再以图示黑线为折痕翻折过去。

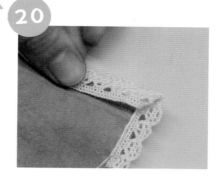

折成图示样子，用针线在折角处缝几下，再继续缝合剩余部分。

21

缝至开头处，将蕾丝剪断，与开头处保持 2mm 的重合部分，用平针将重合部分缝在一起。

22

完成。

胡萝卜杯垫

1

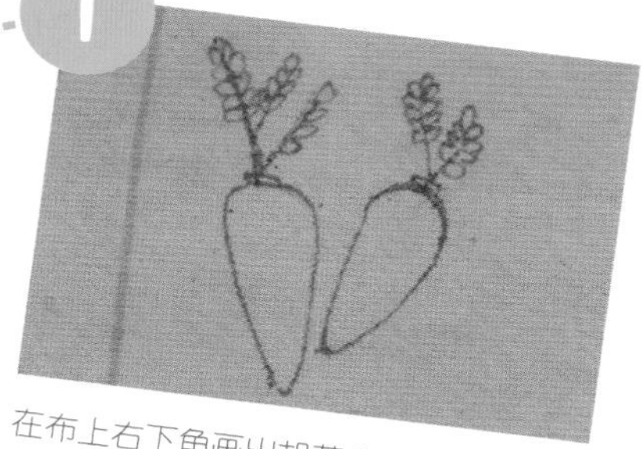

在布上右下角画出胡萝卜外轮廓。

2

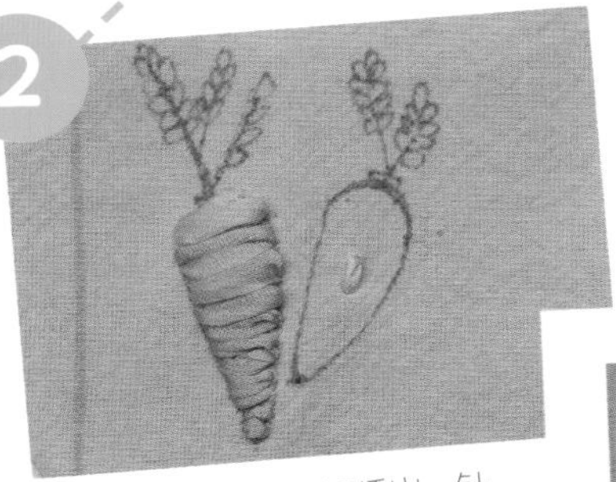

先在胡萝卜身体中间绣出一针。

3

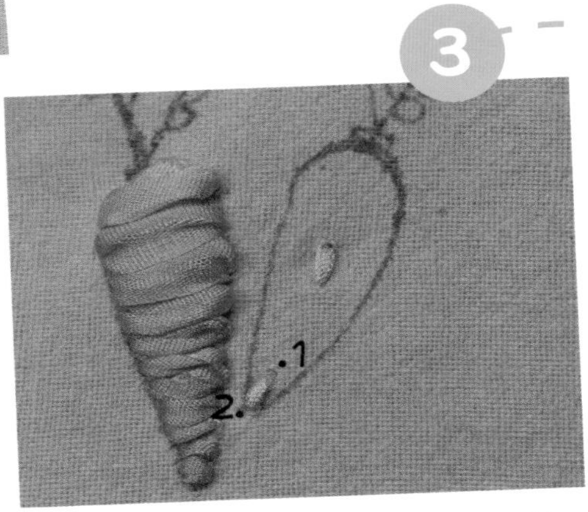

.1

2.

接着从 1 处出针、2 处入针，在胡萝卜尾部绣出一
针直线绣。

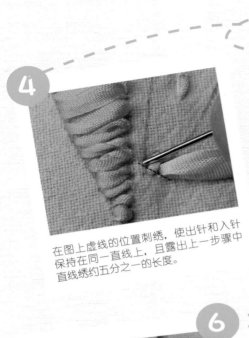

4

在图上虚线的位置刺绣，使出针和入针
保持在同一直线上，且露出上一步骤中
直线绣约五分之一的长度。

5

剩余部分用直线绣沿轮廓绣完。

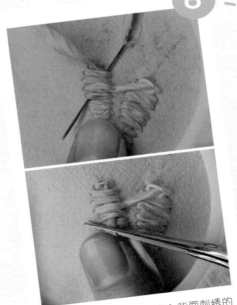

6

将刺绣翻至背面，用针穿入背面刺绣的
缎带层中，将缎带收入缎带层内并剪掉
多余缎带。

7

紧贴胡萝卜的身体部分，从 1 处出针、2
处入针，绣出胡萝卜梗。

8

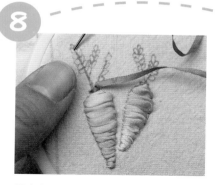

用直线绣绣出胡萝卜叶子的茎部。刺绣时，缎带可微微卷曲，做出自然的粗细变化。

9

所有的茎部绣完后，沿茎部出针，绣出叶子。

10

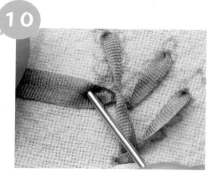

绣叶子时，入针位置要在缎带上。

11

所有叶子均按同样方法绣出，一组胡萝卜刺绣就完成了。

玉米杯垫

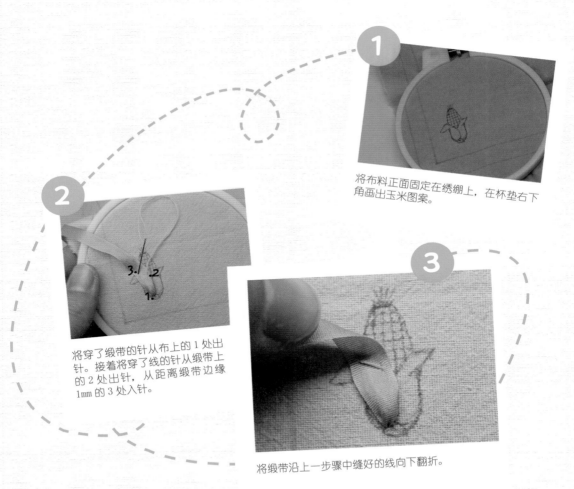

将布料正面固定在绣绷上，在杯垫右下角画出玉米图案。

将穿了缎带的针从布上的 1 处出针。接着将穿了线的针从缎带上的 2 处出针，从距离缎带边缘 1mm 的 3 处入针。

将缎带沿上一步骤中缝好的线向下翻折。

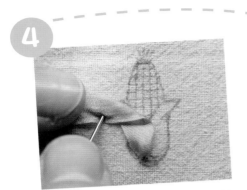

将穿有缎带的针从缎带下缘入针，一片弯折的叶子即完成。

从 1 处出针，将缎带向后翻折。

从缎带后方的 1 处入针，绣出自然卷曲的叶子。

在缎带下部（线缝在下层缎带上）用平针从 A 到 B 缝一条斜线，固定缎带。

叶片完成的样子。

从 1 处出针、2 处入针，用较细的缎带绣出玉米根部。

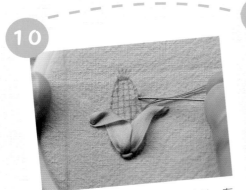

在针上穿棕色绣线，从叶片下出针，在
玉米棒长度约三分之一的位置入针。

用回针绣绣出玉米棒外轮廓（回针绣：
从 1 处出针，2 处入针，3 处出针，再从
2 处入针，依次类推）。

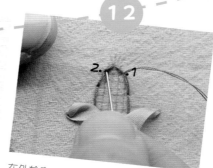

绣出间距约 1mm 的横直线，再从 2 处出针、
1 处入针，绣出间距 1mm 的竖直线。

在外轮廓上的 1 处、2 处绣出直线。

绣出如图示的玉米格子，并在玉米棒上
绣出几条玉米须。

从绣好的小方格中出针，参考"野草莓
书衣"，用黄色渐变色缎带做结粒绣，
绣出单颗玉米粒。

出针和入针都在同一格子内。

每一个小方格中都绣出一粒玉米粒。如图，一个玉米即完成。

其他部分按"白菜杯垫"⑱—㉑步的制作方法完成。

手机壳

蒲公英手机壳

你说你

笃爱自由

你说你

钟情流浪

那么 我给你

都给你

而你只给我 无法停留的爱

◆ 所需材料

缎带：2mm 宽白色缎带（大蒲公英需 1.2m、小蒲公英需 1m）、4mm 宽咖啡色缎带（花秆、花蕊各 30cm）。

其他：深蓝色野木棉布料一块、净面手机壳一个、薄铝片一片、酒精胶、与手机壳同宽的双面胶。

绷好绣绷，将手机壳面外轮廓、蒲公英用水消笔画在绣布上。在画蒲公英圆形时，外圈和内圈上要对应边上的分割记号，记号的个数必须是偶数。

从蒲公英根部出针，扭转缎带并参考"野草莓书衣"中刺绣方法做轮廓绣。

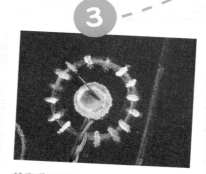

从1处出针、2处入针，再从3处出针。

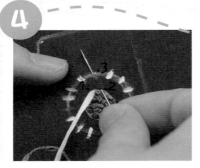

轮廓绣结尾设在蒲公英中心的下侧。接着在蒲公英中心处出针，做数个一圈的结粒绣。

从针的右侧挂缎带。

用手按住缎带将针拔出。

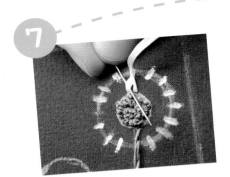

将针从缎带起点下穿过。

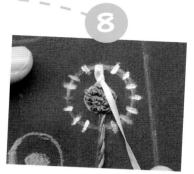

将缎带拉至下方。

绣好一圈后，在第一瓣叶子下方入针。

从1处入针、2处出针（1处和2处均在提前定位好的点上），用同样的方法进行刺绣。

一朵蒲公英制作完成，另一朵按同样的方法进行刺绣。

裁取和手机壳同样大小的铝片，在背面涂上酒精胶。

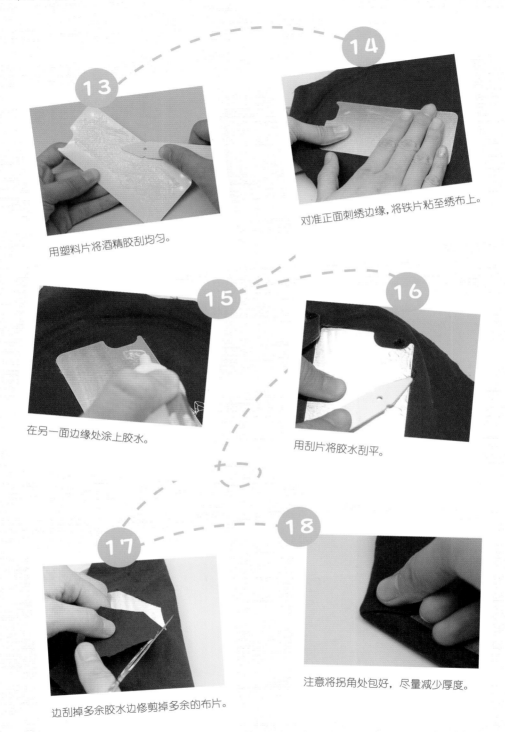

用塑料片将酒精胶刮均匀。

对准正面刺绣边缘,将铁片粘至绣布上。

在另一面边缘处涂上胶水。

用刮片将胶水刮平。

边刮掉多余胶水边修剪掉多余的布片。

注意将拐角处包好,尽量减少厚度。

19

在弯角处将布片剪成条状，逐个贴合。

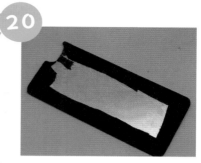

20

如图为整个包完的样子。

21

选取适合手机宽度的双面胶，将双面胶裁成适当大小贴在手机壳背面。

22

揭掉双面胶贴纸，将包好的铝片与双面胶粘合。

23

蒲公英手机壳完成。

月事包

思念就像望穿秋水的等待

当等待成为一种习惯

即便得到了最初字望的爱情

而内心最享受的

也不再是爱情本身

而是

当初不顾一切也要等你的

连自己都感动的

勇气

◆ 所需材料

缎带：7mm 宽紫色渐变色缎带 2m（花朵）、4mm 宽翠绿色缎带 30cm（叶子）、4mm 宽草绿色缎带 30cm（叶子）、2mm 宽暗绿色缎带 30cm（花藤）、4mm 宽黄色缎带 20cm（花蕊）。

其他：33cm×15cm 白色棉布料两块、33cm×15cm 蕾丝布料两块、32cm×14cm 铺棉一块、花边缎带 70cm、珍珠扣。

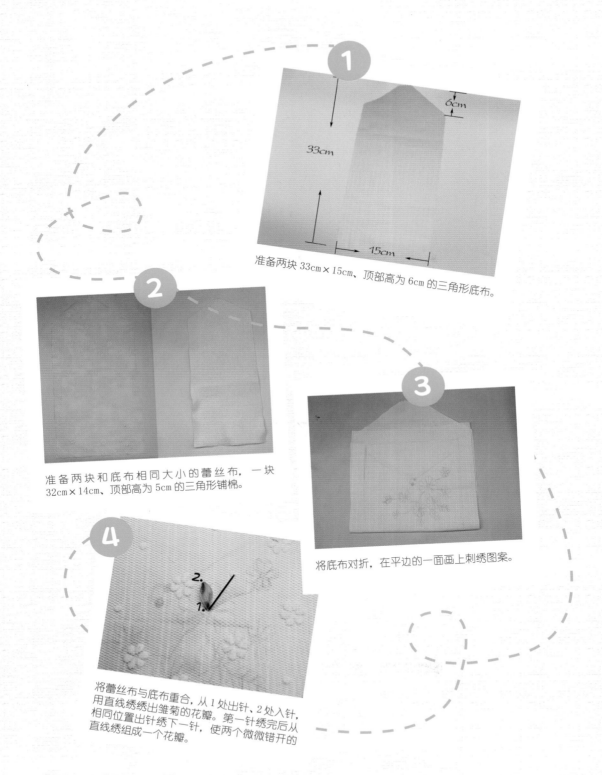

① 准备两块 33cm×15cm、顶部高为 6cm 的三角形底布。

② 准备两块和底布相同大小的蕾丝布，一块 32cm×14cm、顶部高为 5cm 的三角形铺棉。

③ 将底布对折，在平边的一面画上刺绣图案。

④ 将蕾丝布与底布重合，从 1 处出针、2 处入针，用直线绣绣出雏菊的花瓣。第一针绣完后从相同位置出针绣下一针，使两个微微错开的直线绣组成一个花瓣。

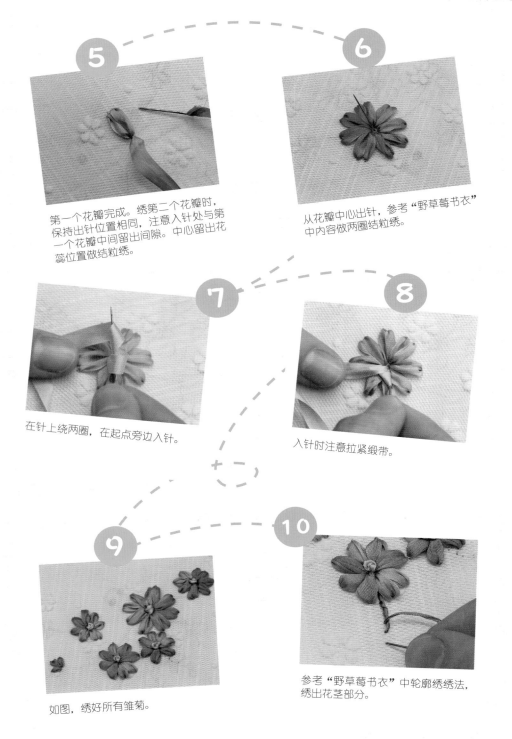

5 第一个花瓣完成。绣第二个花瓣时，保持出针位置相同，注意入针处与第一个花瓣中间留出间隙。中心留出花蕊位置做结粒绣。

6 从花瓣中心出针，参考"野草莓书衣"中内容做两圈结粒绣。

7 在针上绕两圈，在起点旁边入针。

8 入针时注意拉紧缎带。

9 如图，绣好所有雏菊。

10 参考"野草莓书衣"中轮廓绣绣法，绣出花茎部分。

从贴近花茎的 1 处出针、2 处入针做直线绣。用同色绣线绣完一侧叶子。

绣完指定叶子的半边叶片，另一半用略浅的绿色进行刺绣。

浅色叶子在数量上可与深色叶子进行区分，以突出层次感。

不含铺棉的一面也应仔细折好，与含铺棉的一面保持平整。

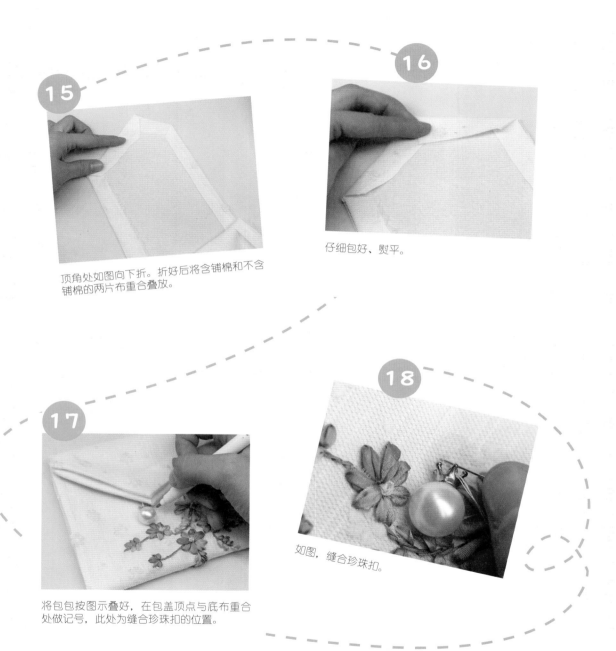

顶角处如图向下折。折好后将含铺棉和不含
铺棉的两片布重合叠放。

仔细包好、熨平。

将包包按图示叠好，在包盖顶点与底布重合
处做记号，此处为缝合珍珠扣的位置。

如图，缝合珍珠扣。

如图，包的折法。

把一小截花边缎带卷成环状，将其一角叠入包面夹层内，略微缝合定位。

用线将包体上、下两层缝合固定，针脚要大，方便后期拆线。

22

如图，将包沿图片黑色标记缝合一周。

23

准备花边缎带，将头部塞至包体内1cm左右，
用和包包底色相同颜色的线轻轻缝合。

24

将月事包正反面的各个边缘都包上花边缎带，
仔细缝合。

25

整理边角，月事包完成。

折叠镜

ZAKKA 折叠镜

能装下你的素颜

能装下你的盛妆

能装下你的好心情

能装下你的坏体验

它是一面每天都陪伴你的

小物刺绣折叠镜

◆ 所需材料

缎带：15mm 宽紫色渐变色缎带 1m（花边）、7mm 宽橘粉色缎带 1.5m（蝴蝶结）、2mm 宽蓝色缎带 50cm（帽身）、2mm 宽黄色缎带 8cm（帽绳）、2mm 宽玫红色缎带 5cm（帽上花）、2mm 宽深棕色缎带 30cm（口红管）、4mm 宽红色缎带 5cm（口红）、4mm 宽粉色缎带 30cm（爱心）。

其他：古铜色手柄化妆镜胚一套、棉布一块、铺棉若干、直径 4mm 水晶珠若干、合众 E6000 胶水。

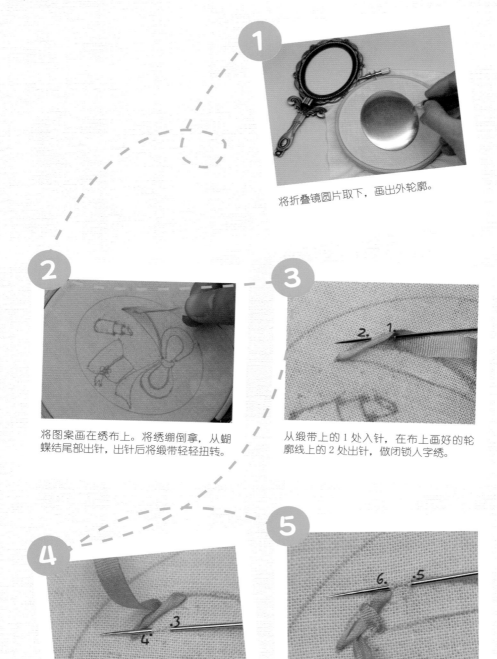

1 将折叠镜圆片取下，画出外轮廓。

2 将图案画在绣布上。将绣绷倒拿，从蝴蝶结尾部出针，出针后将缎带轻轻扭转。

3 从缎带上的 1 处入针，在布上画好的轮廓线上的 2 处出针，做闭锁人字绣。

4 接着在 3 处入针、4 处出针。

5 刺绣下一针时，从 5 处入针、6 处出针。出针位置要紧贴前边的缎带边缘。

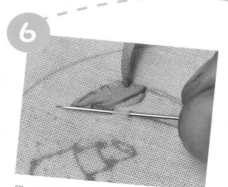

另一侧按同样方法进行刺绣。

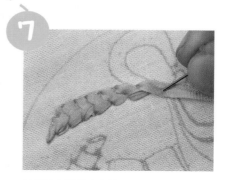

结尾处在缎带上入针。

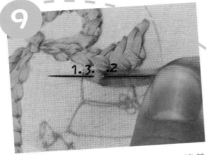

用轮廓绣绣出帽子。从 1 处出针，接着在缎带上的 2 处入针、3 处出针。

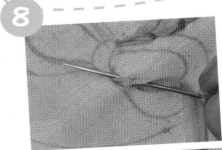

从蝴蝶结最细点入针，依次刺绣，完成整个蝴蝶结。

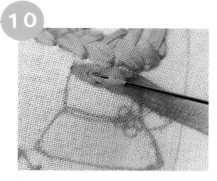

如此重复刺绣。

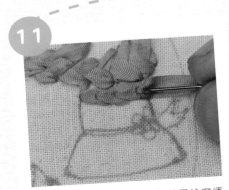

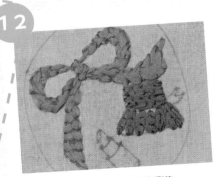

刺绣终点在缎带上入针，接着用轮廓绣绣下一行。

将帽身和帽檐部分用轮廓绣绣满。

在帽檐外侧入针。

将针压住缎带后，从1处入针、2处出针。

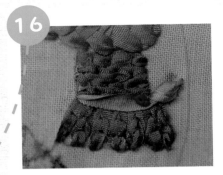

将针从缎带环中穿过，在缎带上入针，绣出帽子的飘带部分。

在帽子上做一圈结粒绣作为装饰。

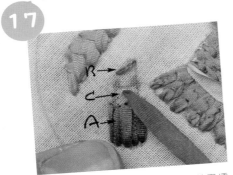

用缎面绣绣出口红管 A 部分，接着用绣
线沿口红斜面在 B 处绣一平针。用红色
缎带从口红管面上 C 处出针。

从上至下将穿有红色缎带的针从绣线下
穿过。

刺绣第一针要盖住口红膏体末端。

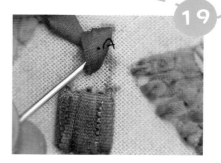

从缎带下约 A 处入针，将入针处藏在缎
带下，口红膏体部分完成。

绣完剩余部分，并与下半部分口红管相连。

刺绣镜子花边时，在轮廓线上出针，然
后将缎带折叠。

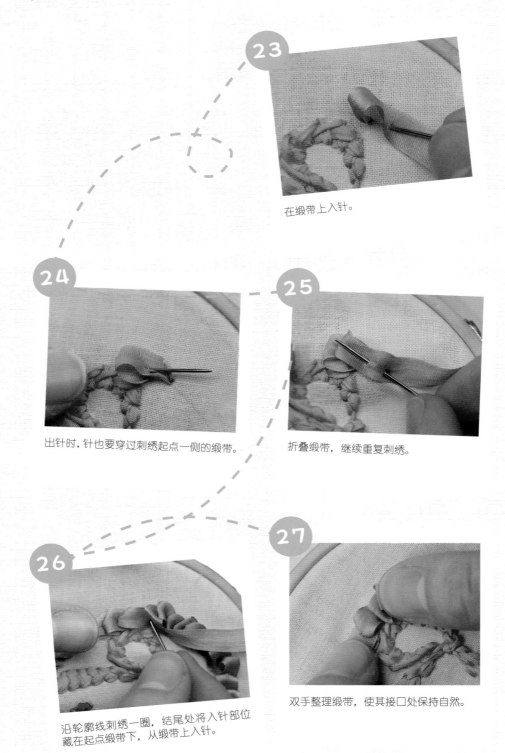

23 在缎带上入针。

24 出针时，针也要穿过刺绣起点一侧的缎带。

25 折叠缎带，继续重复刺绣。

26 沿轮廓线刺绣一圈，结尾处将入针部位藏在起点缎带下，从缎带上入针。

27 双手整理缎带，使其接口处保持自然。

28

用缎面绣绣出爱心部分，将小水晶缝在绣面上进行装饰。

29

参考迷你绣绷项链，将绣片剪下并固定在折叠镜圆片上。

30

将完成的绣品与镜托粘合。

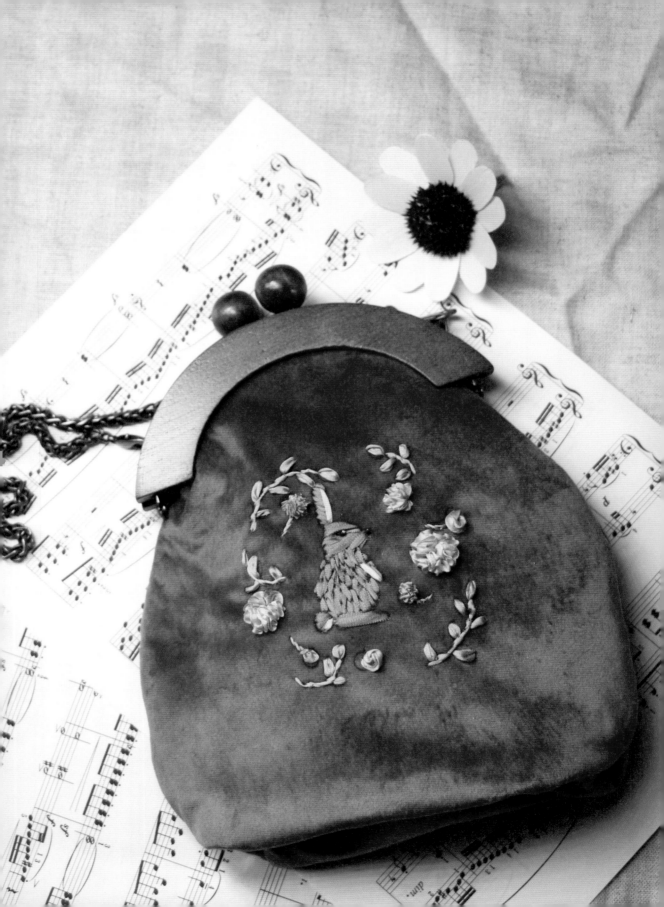

包包

兔子先生口金包

你是兔子先生

你这样好

像你一样好

你对我施了魔法

每夜

梦中有你

梦中皆是你

◆ 所需材料

缎带：2mm 宽棕色缎带 2cm（兔身）、2mm 宽米白色缎带 10cm（兔耳高光部分）、2mm 宽黑色缎带 5cm（眼睛）、2mm 宽白色缎带（眼睛）、2mm 宽天蓝及橄榄绿缎带 1m（花枝及树枝）、7mm 宽天蓝及橄榄绿缎带 50cm（树叶）、7mm 宽粉色缎带 1m（花朵）、4mm 宽粉色渐变色缎带 50cm（花朵）。

其他：直径 2mm 红色米珠一粒、13cm 木制口金一个、古铜色包包金属链条配件一条、55cm×25cm 加厚丝绒布一块、55cm×25cm 轻薄里布一块、55cm×25cm 带胶的铺棉一块。

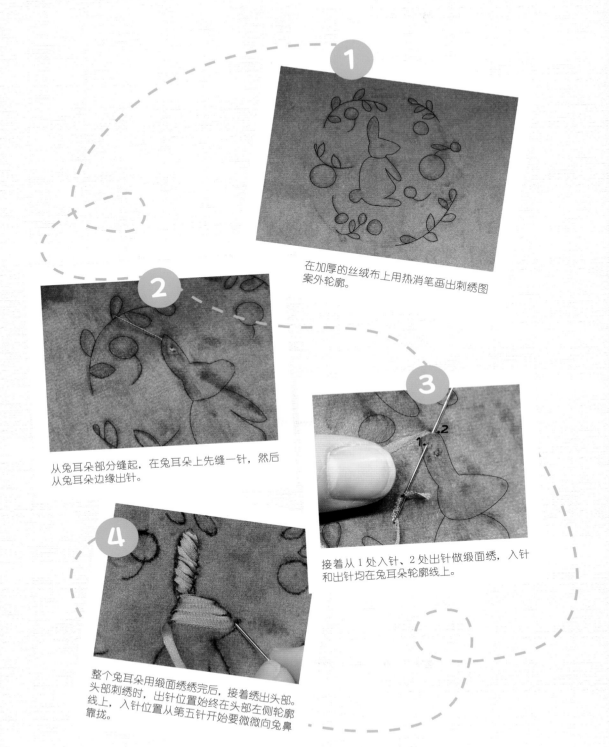

在加厚的丝绒布上用热消笔画出刺绣图案外轮廓。

从兔耳朵部分缝起，在兔耳朵上先缝一针，然后从兔耳朵边缘出针。

接着从 1 处入针、2 处出针做缎面绣，入针和出针均在兔耳朵轮廓线上。

整个兔耳朵用缎面绣绣完后，接着绣出头部。头部刺绣时，出针位置始终在头部左侧轮廓线上，入针位置从第五针开始要微微向兔鼻靠拢。

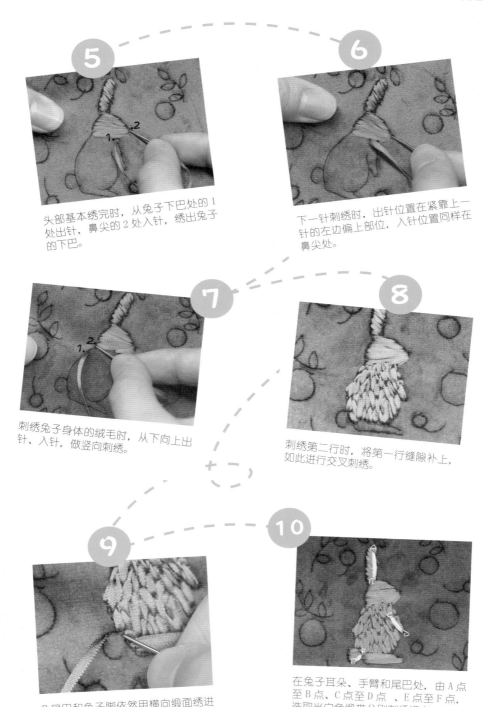

头部基本绣完时，从兔子下巴处的1
处出针，鼻尖的2处入针，绣出兔子
的下巴。

下一针刺绣时，出针位置在紧靠上一
针的左边偏上部位，入针位置同样在
鼻尖处。

刺绣兔子身体的绒毛时，从下向上出
针、入针，做竖向刺绣。

刺绣第二行时，将第一行缝隙补上，
如此进行交叉刺绣。

兔尾巴和兔子脚依然用横向缎面绣进
行刺绣。

在兔子耳朵、手臂和尾巴处，由A点
至B点、C点至D点 、E点至F点，
选取米白色缎带分别刺绣提亮。

从兔子脸部中间靠上的位置出针，用黑色缎带绣一圈结粒绣。

从结粒绣正中心出针。

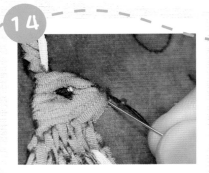

在鼻子处绣上红色米珠。

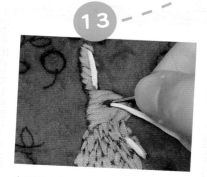

在眼部右侧边缘入针，用白色缎带绣出眼白部分。

兔子先生就完成了。

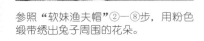

参照"软妹渔夫帽"②—⑧步，用粉色缎带绣出兔子周围的花朵。

刺绣小花时，采用小玫瑰绣绣法。从小玫瑰中心出针，扭转缎带。

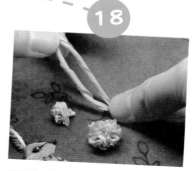

将缎带对折，在出针部位按住缎带。接着将另一只拉着缎带的手松开，两边的缎带就缠在了一起。

从出针位置附近入针。

将尾部的缎带拉平。

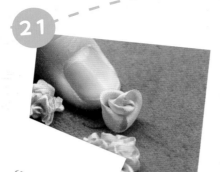

从花的中心出针，将缎带垂直拉出。

完整的小玫瑰绣。

做一圈结粒绣，小玫瑰就完成了。

花朵的茎部用轮廓绣完成。

刺绣外围树枝时，在画好的图案线上的1处出针、2处入针。

用同样的方法绣至树枝尾部，结尾处在缎带上入针。

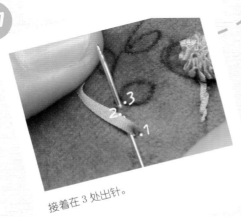

接着在3处出针。

用直线绣绣出叶子，出针处注意与枝干相连。

包面刺绣完成。

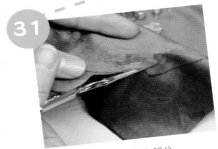

沿表布外轮廓剪掉多余部分。

将剪好的表布下面衬一层单面带胶的铺棉。

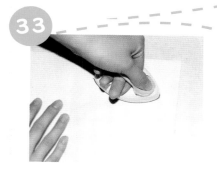

将表布和铺棉整体翻过来，用熨斗在铺棉上熨烫，使胶面和铺棉贴合。

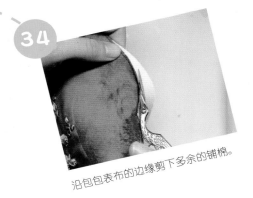

沿包包表布的边缘剪下多余的铺棉。

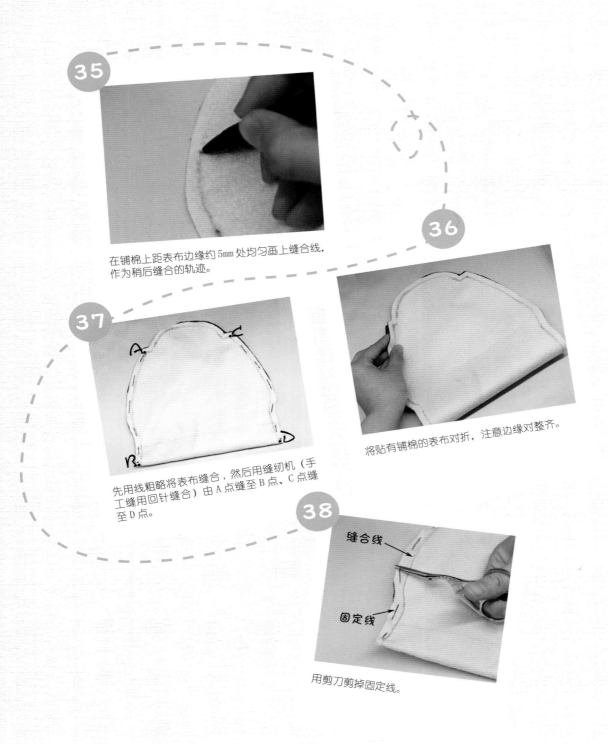

35

在铺棉上距表布边缘约 5mm 处均匀画上缝合线，作为稍后缝合的轨迹。

36

将贴有铺棉的表布对折，注意边缘对整齐。

37

先用线粗略将表布缝合，然后用缝纫机（手工缝用回针缝合）由 A 点缝至 B 点、C 点缝至 D 点。

38

缝合线

固定线

用剪刀剪掉固定线。

39

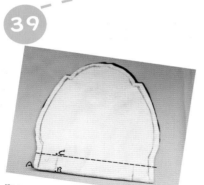

在 B 点做上标记，A 点与 B 点距离约为 2.5cm，B 点与 C 点距离约为 3cm。

40

如图，将包竖直拉平，使缝合线处于正中间位置。

41

从反面沿虚线缝合。

42

里衬用同样方法缝合。

43

将表布口和里口正面贴合，正面对齐。

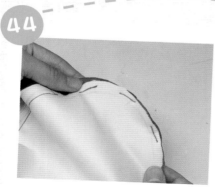

粗略缝合固定。

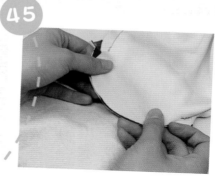

另一边同样对齐并粗略缝合。

缝合时，其中一边留约 5cm 的返口不缝。

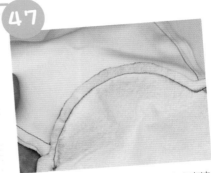

另一边全部缝合（此教程中所有缝合方法均为回针缝合）。

沿返口翻回正面，返口处用藏针法缝合（参考"蔬菜杯垫"）。

接合部位需再用藏针法缝合固定几针。

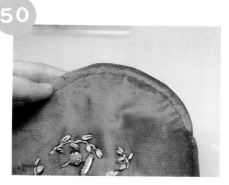

沿距边缘约 5mm 处缝合一条边缘线，另一边
用同样方法缝制。

用扁头的器物将边角塞入木制口金的缝隙中。

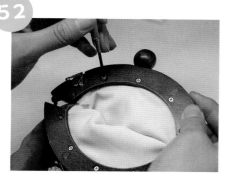

用螺丝刀将配套的螺丝拧入，将包面连同口
金一起固定紧实。

扣入包包链条，兔子先生口金包制作完成。

I would
like to shar
with you all the bea
auty and wisd

衣饰日记

发绳
同心结发绳

渔夫帽
软妹渔夫帽

胸针
圣诞树胸针

口罩
玫瑰藤口罩

项链
迷你绣绷项链

发绳

同心结发绳

习惯了散发的你

某天心血来潮

用你亲手绣制的同心结

束起高高的马尾

这一整天

你都会有好运气

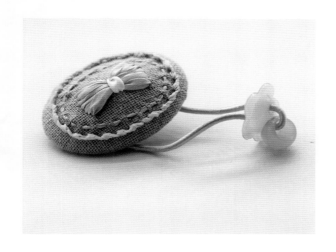

◆ 所需材料

缎带：4mm 宽蓝色缎带 50cm（同心结）、4mm 宽白色缎带 10cm（同心结）、2mm 宽蓝色缎带 15cm（里圈）、4mm 宽黄色渐变色缎带 80cm（外圈）。

其他：野木棉布料一小块、直径 45cm CLOVER 椭圆形发扣底托一套、适合长度的皮筋。

在绣绷上画出图形并刺绣图案。

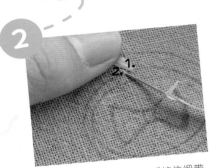

从图案上的 1 处出针，用手按住缎带，
再从 2 处入针。

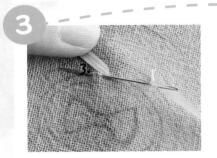

从图案线上的 3 处出针。

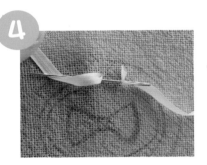

将针压住缎带，从缎带上方穿过。

完成一针的样子。

按照相同方法进行刺绣，刺绣终点在
靠近 3 处的位置出针，并从缎带上入
针固定。

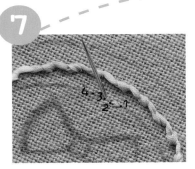

从 1 处出针、2 处入针、3 处出针、4
处入针，沿圆圈做断点刺绣。

如图所示绣完一圈，在背面做打结处理。

在蝴蝶结上绣一针后，从蝴蝶结的一
边开始做缎面绣。从中间向两边进行
刺绣。

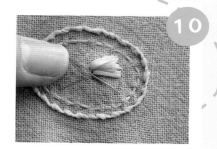

上半部分绣完继续绣下半部分。

一边绣完后，另一边按同样方法进行
刺绣。

从 1 处出针、2 处入针（注意刺绣外
沿不要超过蝴蝶结外沿，为下一针预
留空隙）。

轻轻地拉动缎带即可，使蝴蝶结保持
立体感，在反面打结。

取出绣绷，沿边缘线剪下。

沿外缘用绣线做平针刺绣，针脚大一些。

绣完一圈的样子。

将发扣底托放入绣品背面，并将线拉
紧打结。

如图。

将底扣按入压紧。

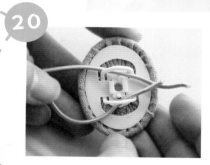

轻轻推起扣眼并将皮筋穿入。

将结扣塞入孔内。

做打结处理。

完成。

渔夫帽

软妹渔夫帽

目光温婉

内心柔软

动听的嗓音

还有一点天然呆

这顶渔夫帽一定适合你

◆ **所需材料**

缎带：20mm 宽粉黄渐变色缎带 30cm、15mm 宽粉橙渐变色缎带 30cm、7mm 宽黄色缎带 30cm、7mm 宽蓝色渐变色缎带 20cm。

其他：成品针织渔夫帽一个。

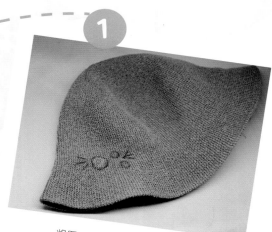

将图案画在针织帽的帽檐与帽子顶的接
合部分。

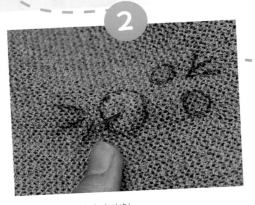

从帽子图案上的中心出针。

将针穿过缎带一侧，在缎带一端做针迹 2mm
左右的平针缝，缝出 25cm 左右的长度。

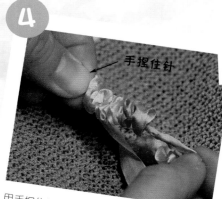

手捏住针

用手捏住针，慢慢分段转动拔出。

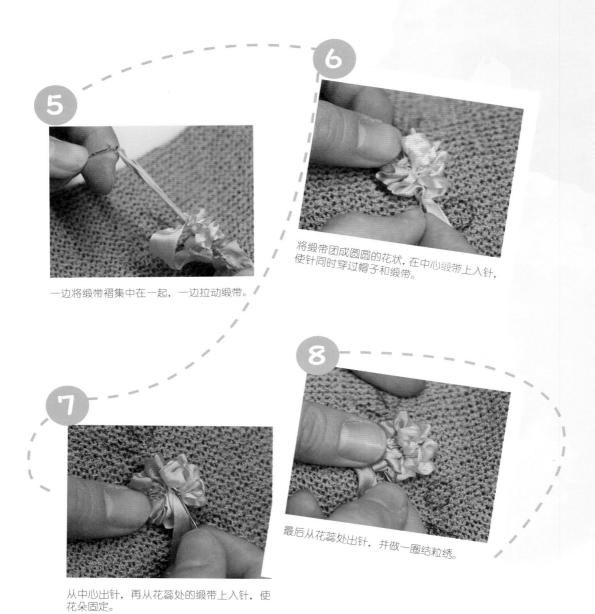

5

一边将缎带褶集中在一起，一边拉动缎带。

6

将缎带团成圆圆的花状，在中心缎带上入针，使针同时穿过帽子和缎带。

7

从中心出针，再从花蕊处的缎带上入针，使花朵固定。

8

最后从花蕊处出针，并做一圈结粒绣。

在花朵旁的 1 处出针，用手按住缎带。接着在 2
处入针、3 处出针。

将缎带挂至针下，接着慢慢拉动针头出针做出
环状。

在头部做一结粒绣，在上一步中的环形外侧 1
处入针固定。

一片叶子完成。

刺绣小花时，可在缎带的中心部位缝
平针，长度约 7cm。

入针位置要在缎带上，靠近出针的位置入针。

完成。

I would
to sha
like
with you all the bes
Beauty and wisd

胸针

圣诞树胸针

每年飘雪的圣诞节
用心绣一棵圣诞树
每一针都饱含祝福
把它别在衣间
一定会让你好运连连

◆ 所需材料

缎带: 2mm 宽翠绿色渐变色缎带 1m (树的针叶)、2mm 宽暗绿色缎带 20cm (树的外轮廓)、
2mm 宽棕色缎带 50cm (树干)。

其他: 直径 3cm 圆盘胸针 (含网垫、底托)、羊毛不织布一小块、星星贴片一个、直径 1.5mm
金色米珠若干、金丝细线、合众 E6000 胶水。

将羊毛布绷好，在上面画出胸针内片的外轮廓。

在圆内画出圣诞树的外轮廓（三角形和方形的组合）。

在圣诞树尖部的1处出针，用手按住缎带，在2处入针、3处出针。

按照相同方法刺绣，拐弯处注意针的走向。

拉动缎带，做出环状。在紧靠3处的旁边入针、4处出针。注意环的大小应保持一致。

6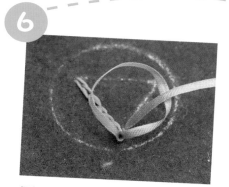

每次缝下一针前，缎带均要从环内穿过。

7

刺绣终点在缎带上入针固定。此绣法为锁链绣。

8

锁链绣完成的样子。

9

在圆头针上穿缎带，从链环中心的1处出针，接着将针从靠近1处的第一个环内穿过。

10

在针下挂缎带，将缎带从环中穿过，慢慢拉动缎带调整形状。

11

继续按相同方法刺绣。

第一行绣完后，在结尾处链环内入针。

第一行扣眼绣完成的样子。

背面做打结处理并剪掉多余的缎带。

刺绣第二行时，从边缘第二个链环中心出针。

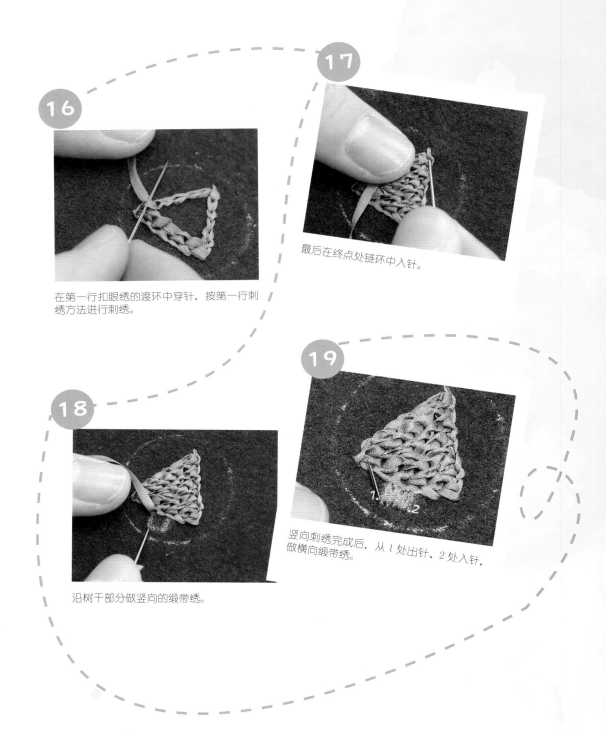

16

在第一行扣眼绣的渡环中穿针，按第一行刺绣方法进行刺绣。

17

最后在终点处链环中入针。

18

沿树干部分做竖向的缎带绣。

19

竖向刺绣完成后，从 1 处出针、2 处入针，做横向缎带绣。

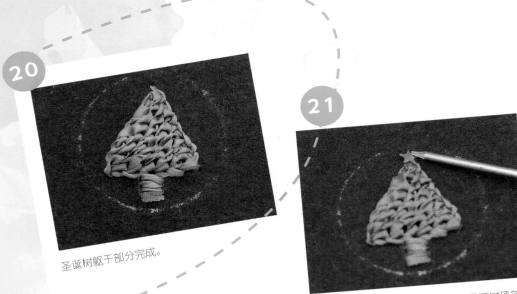

圣诞树躯干部分完成。

将星星亮片用合众E6000胶水粘到圣诞树顶部。

将直径 1.5mm 的米珠用单金线缝在圣诞树上。

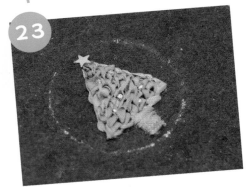

一棵挂满装饰的圣诞树就完成啦。

参考迷你绣绷项链的做法，将绣好的毛毡片剪下缝上一圈平针。将胸针衬片放在毛毡片中间。

将线绳拉紧后，来回缝几下打结固定住。

将胸针底托扣好并捏紧。

圣诞树胸针完工。

口罩

玫瑰藤口罩

看似带刺的玫瑰藤

有谁都比不上的温婉

一如你

只有走近

才能闻到迷人的芬芳

重重的雾霾天

戴上口罩

隔断蒙蒙雾气

但割不断你的情谊

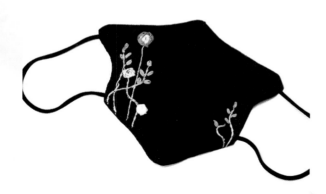

◆ 所需材料

缎带：7mm 宽宝蓝色渐变色缎带（玫瑰）、7mm 宽浅蓝色渐变色缎带（玫瑰）、7mm 宽白色缎带（玫瑰）、7mm 宽浅宝蓝色缎带（玫瑰叶子）、2mm 宽果冻绿色缎带（玫瑰藤）。

其他：20cm 长松紧带 2 条、30cm×20cm 野木棉表布、30cm×20cm 棉麻里布。

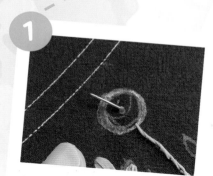

在花的正中心出针。

在1处入针、2处出针。

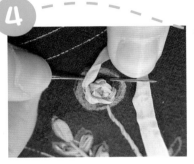

一圈一圈向外刺绣，针迹要逐渐变大。
把握好刺绣间距，使花瓣一圈一圈自
然外延。

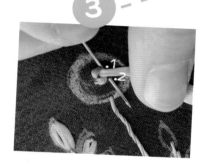

将缎带绕半圈至另一侧，按同样方法
刺绣。第一圈绣3针左右。

刺绣终点在缎带下入针。

一个用扭转锁链绣绣成的玫瑰完成。

绣好后沿口罩外轮廓剪下。如图，左侧、右侧花朵分别用轮廓绣、雏菊绣（参考"迷你绣绷项链"）、直线绣完成。

在剪好的口罩表布下放一块深蓝色里布，用水消笔在里布上沿口罩表布左侧画至右侧 A 点，下边缘画至 B 点，然后剪下作为口罩里布的一部分。

剪下的两块里布，如图。

在里布上沿口罩表布右侧向左侧画轮廓线，画至 C 点，下部画至 C 点对应点（图纸上均有标注）。

将口罩对折，上部由 A 点缝至 B 点，下部由 C 点缝至 D 点。用回针缝合，缝合处距外沿线 5mm。

将里布一边向里折 5mm，然后用回针缝合。

下半部分同样由点 C 缝合至点 D。

将里布对折，由点 A 至点 B 用平针缝合。

将里布的正面和表布的正面对准叠放。

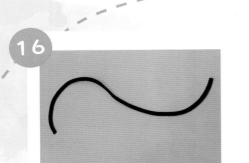

裁出约 15cm 长的松紧带作为口罩的带子。

将带子放入表布和里布中间右上角的位置，然后将表布和里布用回针缝合一周。

缝到下边时，同样将口罩带塞入，只露出约 1cm 长度，然后用回针继续缝合。

将另一半里布扣在表布上（正面对正面），用同样方法将口罩带子塞入并进行缝合。

将口罩沿两块里布中间翻回正面。

翻回正面后，沿距口罩边缘 1~2mm 的距离再缝合一周进行锁边，用回针缝合。

可以在里布内塞入 PM2.5 滤芯。

完成。

项链

迷你绣绷项链

小小的绣绷

绷住美好的画面

在拧上螺丝的那一刻

便将我对你的思念定格

◆ 所需材料

缎带：7mm 宽紫色渐变色缎带约 80cm，7mm 宽粉色渐变色缎带约 80cm，7mm 宽水玉色缎带约 20cm，7mm 宽浅绿、翠绿色缎带各 10cm，2mm 宽暗绿色缎带约 10cm（藤蔓）。

其他：木制迷你绣绷一个、表布一小块、铺棉适量、70cm O 形链、直径 5mm 小铁环一个、10mm 长龙虾扣一个、合众 E6000 胶水。

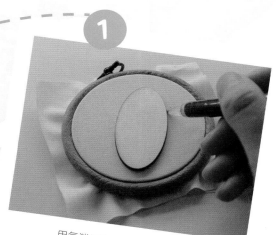

用气消笔在底布上画出底托外轮廓。

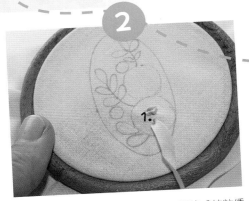

在底布上画出图样，绕圆中心做一圈法式结粒绣（参考"野草莓书衣"），从结粒绣下方的1处出针。

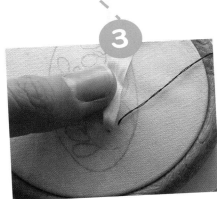

将缎带拨向上方用手按住，在缎带旁边拉出穿了针的绣线（实际刺绣选用接近缎带颜色的绣线）。

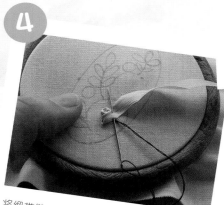

将缎带微微向右下折叠，并用针将折叠的缎带连同底布一起缝合。

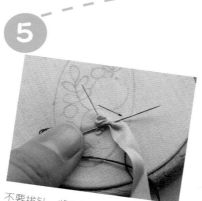

不要拔针，将步骤 4 中的针按顺时针
旋转 90°。

拿起缎带，沿着针向上倾斜折叠，并按住
缎带。

拔出步骤 5 中的针，将缎带边缘连同
底布一起缝合。

绣线的终点在缎带背面入针，在布的反
面做打结处理。

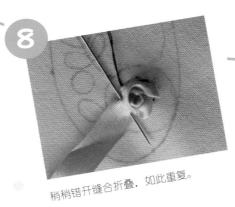

稍稍错开缝合折叠，如此重复。

10

缎带的刺绣终点在缎带上入针。

11

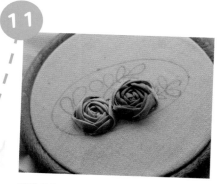

两朵花均按此古典玫瑰刺绣法刺绣。

12

在玫瑰花侧出针，准备绣出叶子。

13

在缎带上入针。

14

绣成的花叶，如图。

15

在1处出针做轮廓绣，结尾在2处入针。

16

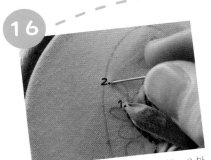

接下来刺绣花叶。从 1 处出针、2 处
入针，做直线绣。

17

沿藤蔓绣完叶子。1 处和 3 处为直线
绣，2 处为轮廓绣。

18

从 1 处出针，用手按住缎带，接着从
2 处入针、3 处出针。

19

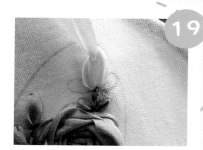

将针从缎带环内拉出，轻轻拉动缎带
并垂直晃动，使缎带环绷紧。

20

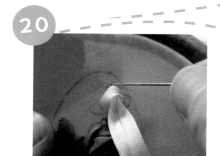

从缎带环上方入针，固定。

21

一朵雏菊绣完成。1 处、2 处做相同
的刺绣。

在圆圈中心出针，做两圈结粒绣。

将针拔出后，如图，将缎带在针上绕两圈，并按住缎带。

整体绣完的样子。

拉紧缎带，在起点旁边入针。

在外轮廓边缘留出1.5cm的宽度，剪下。

在针上穿线，线末尾打结。布片中间部分用平针缝线。

缝至起点位置停止，正好缝合一圈。

在木片和绣好的布片中间放一层铺棉
（形状与木片大小相同）。

铺棉

将线拉紧，保证刺绣的布片裹住底板
木片。

将完成的绣片用绣绷固定住，钉上螺丝。

将螺丝拧紧。

在背面涂上合众 E6000 胶水。

34

将木片粘在项链背面。

35

将小铁环穿入两个夹片中间，再将铁链穿入铁环内。

36

穿入 O 形链，结尾处用龙虾扣固定。

完成。

参考图样

四叶草书签／小花书签

野草莓书衣

蔬菜杯垫

蒲公英手机壳

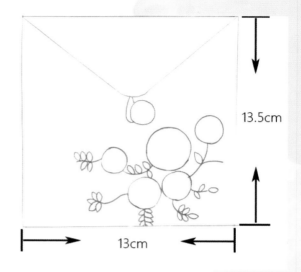

13.5cm

13cm

花草月事包

ZAKKA 折叠镜

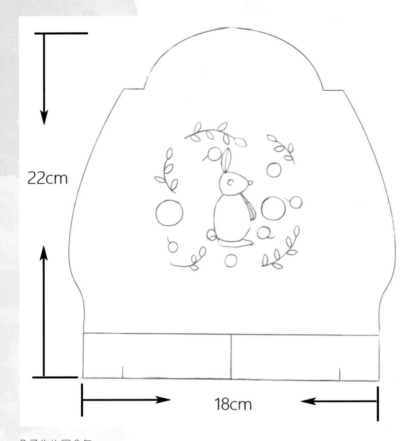

22cm

18cm

兔子先生口金包

同心结发绳

软妹渔夫帽